Über eine Sammlung von Leibniz-Handschriften im Staatsarchiv zu Hannover.

Von Reinhold Koser.

Leibniz hat seine Societät der Wissenschaften für Deutschland, wie er sie bei seiner Übersiedelung von Paris nach Hannover (1676) plante, mit den Geldmitteln ausstatten wollen, die er durch stärkere Ausnutzung des Harzer Bergbaues flüssig zu machen hoffte.[1] Eine wissenschaftliche Frucht der Beschäftigung mit Bergwesen und Mineralogie war Leibnizens Protogaea; auch seine Ausgabe älterer Bergrechte im dritten Band der Scriptores rerum Brunsvicensium legt von seinem dem Bergbau zugewandten Interesse Zeugniss ab. Im Übrigen waren wir über diese Seite seiner Wirksamkeit bisher nur durch gelegentliche Erwähnungen in seinen Briefen unterrichtet. Seine einschlägigen Collectaneen: Entwürfe, Denkschriften, Notizen, Excerpte, vereinzelte Briefe, enthält eine Sammlung des Staatsarchivs in Hannover, auf die der folgende Bericht hinweisen möchte. Zur Erläuterung ziehe ich neben den gedruckten Sammlungen der Briefe und Schriften einige ergänzende Manuscripte der Königlichen Bibliothek zu Hannover heran. Wie weit die hier zu besprechenden Aufzeichnungen der Veröffentlichung werth erscheinen, muss der Prüfung durch Fachgelehrte überlassen bleiben.

Das vorliegende Convolut vereinigt 372 Blätter und Zettel verschiedensten Formats. Ihre Foliirung, nach der ich citire, entspricht dem ungeordneten Zustande, in welchem sie Leibniz hinterlassen hat.

Als Leibniz sich das Programm[2] für seine Thätigkeit am Hofe des Herzogs Johann Friedrich von Hannover entwarf, sah er alsbald

[1] Vergl. Harnack, Geschichte der Königlich Preussischen Akademie der Wissenschaften I, 35.

[2] Werke, herausgeg. von O. Klopp, IV, S. XXVII.

auch die Abstattung von »relationes de re metallica« vor. Der Herzog hatte bestimmt, dass, wenn er selber den Harz besuchen würde, Leibniz sich ihm anschliessen sollte. Doch sprach dieser im Herbst 1677 die Bitte aus, ihn mit dem Chemiker Pratrisius[1], der einen Besuch des Harzes beabsichtigte, schon jetzt reisen zu lassen; um so mehr werde er sich dem Fürsten später als Begleiter nützlich machen können.[2] Offenbar erhielt er die erbetene Erlaubniss; denn schon im folgenden Winter trat er mit einer Erfindung hervor, für die eigene Anschauung vom Harzer Bergbau vorausgesetzt werden muss.[3] Leibniz schob zunächst einen Andern vor, den Bergrath und Zehndtner Peter Hartzingk zu Clausthal, wohl in der Annahme, dass der Vorschlag eines Fachmannes bei dem Clausthaler Bergamt eher Beachtung finden würde. In einem Bericht an den Herzog vom 2. März 1678 befürwortete das Bergamt den Versuch mit einer von Hartzingk erfundenen Maschine, einer Windmühlenkunst zur Hebung der Grubenwasser, die, wie sich bald herausstellte, vielmehr von Leibniz erfunden war.[4]

Für den Erfinder knüpften sich an sein Modell grosse Erwartungen. In der dem September 1678 angehörigen Aufzeichnung »De Republica«, einer Denkschrift über die auf den verschiedensten Gebieten der Landesverwaltung anzustrebenden Verbesserungen, lesen wir: »Weil auch ein Mittel vorhanden, dadurch auffm Harz ein continuirlicher bach bergwasser zu haben[5] und das Grundwasser immediate in einem zug heraus zu heben, so were billig, dass demjenigen, so dieses demonstriren und zu werck bringen würde, dagegen samt seinen Erben die Direction und verlag der Künste als ein Erblehn, überdiess gleich anfangs eine ansehnliche recompense und dabei die participation an den neuen oder alten verlegenen Gruben, so dadurch auf oder wieder in gang zu bringen, gegeben würde«.[6] Eine in der Folge

---

[1] Vergl. E. Bodemann, Der Briefwechsel des G. W. von Leibniz in der Königl. Bibliothek zu Hannover, S. 224.

[2] Werke, herausgeg. von O. Klopp IV, 384.

[3] Spuren dieses ersten Aufenthaltes von Leibniz im Harz sehe ich auch in einem »decemb. 1677« überschriebenen Zettel (fol. 159) mit der Notiz: »Zu Zellerfeld sind sie so tieff gekommen, dass sie was neues suchen müssen, umb nuzen zu schaffen«; sowie in der Abschrift eines Berichtes über das Schmelzen des sogenannten wilden Erzes, d. d. Zellerfeld 9. December 1677 (fol. 68).

[4] Der Sachverhalt ergiebt sich mit Deutlichkeit aus dem unten S. 562 erwähnten Protokoll vom 10. Februar 1685, das auf den in Abschrift bei den Acten befindlichen Bericht vom 2. März 1678 Bezug nimmt.

[5] Schon 1657 war das Project erörtert worden, den durch Sammelgräben zu verstärkenden Gerlachsbach nach Clausthal zu leiten. Oderteich und Rehberger Graben zur Speisung von Andreasberg sind erst von 1719—1722 angelegt worden. F. Günther, Der Harz, Hannover 1888, S. 652. 653.

[6] Werke, herausgeg. von O. Klopp V, 21.

dem Herzog überreichte französische Denkschrift enthält bereits bestimmte Vorschläge.[1] Leibniz will die Grundlage schaffen für die Verwirklichung der »schönen Absicht« des Herzogs, »une manière d'assemblée pour l'avancement des sciences« in's Leben zu rufen. Der Herzog hat in seinem Lande einen unerschöpflichen Schatz, die Bergwerke. Es gilt, die Förderung der Metalle zu mehren. Leibniz will zunächst nur von den Maschinen sprechen, und wiederum vorzugsweise nur von den Wasserkünsten. Es gilt, einen Graben anzulegen, der beständig, Winter und Sommer, fliesst; weiter, die zur Hebung des Wassers bestimmten Maschinen einfacher und leistungsfähiger herzustellen, um drei Viertel der Kraft, die durch Friction verloren gehen, zu sparen. Leibniz beansprucht für sich eine seiner Entdeckung entsprechende Belohnung und die Direction der Maschinen, mit nutzbringenden Gerechtsamen auf geraume Zeit, sammt einigen anderen, noch nicht näher bezeichneten Vortheilen.

Am 20. September 1679 wurde zu Clausthal zwischen dem Bergamt und Leibniz ein Vertrag des Inhalts abgeschlossen, dass die Gewerke[2], falls die Erfindung sich ein Jahr hindurch bewährt haben würde, dem Erfinder Leibniz erstens die Kosten der Anlage erstatten, weiter 1200 Thaler »vor die Offenbarung seiner Wissenschaft und Cedirung seines Privilegii« erlegen und endlich alljährlich 1200 Reichsthaler als Antheil am Gewinn auszahlen sollten. Am 15. October wurde der Vertrag durch den Herzog ratificirt.[3]

Die Ausführung des Werkes nahm man für das nächste Jahr in Aussicht; aber noch im Herbst 1679 traf Leibniz an Ort und Stelle seine Vorbereitungen, sobald der Berghauptmann von Eltz von seinen Gütern nach Clausthal zurückgekehrt war.[4] Er bat den Herzog, eine Niveaukarte der Umgebung von Clausthal für die im nächsten Jahre vorzunehmenden Arbeiten herstellen zu lassen, ohne die allgemeine Vermessung des Harzes abzuwarten: »Cela sera absolument nécessaire pour sçavoir s'il y a moyen de faire des *pochwerks* par le moyen de

[1] Ebend. IV, 397 ff.

[2] Über die bergmännische Gewerkschafts-Verfassung vergl. G. Schmoller im Jahrbuch für Gesetzgebung XV, 683 ff., 963 ff.

[3] Beide Urkunden auf der Königl. Bibliothek zu Hannover in dem unten S. 562 Anm. 2 erwähnten Actenstücke; vergl. auch Werke, herausgeg. von O. Klopp V, 45, und den Brief vom August 1680 ebend. V, 28. Dieser Brief, zuerst gedruckt bei Feller, Otium Hannoveranum, Lipsiae 1718, p. 1, ist in der älteren Litteratur der locus classicus für Leibnizens Harzer Projecte.

[4] Dem am 12. November 1679 nach Italien abgereisten Herzog berichtet Leibniz (Werke, herausgeg. von O. Klopp IV, 425): »Je ne suis pas encore allé au Harz, comme j'estois sur le point de le faire, parce que M. d'Els est allé à ses biens, et sans luy je n'avancerois pas si bien«. Auf dem Harz geschrieben ist um die Jahreswende der Brief an den Bischof Ferdinand von Münster und Paderborn ebend. IV, 547.

vent«.[1] Auch sprach er den Wunsch aus, dass der Herzog den »kleinen Fähnrich«, einen Artilleristen[2], in den Stand setzen möge, die Leitung der Arbeiten vertretungsweise zu übernehmen, »afin que je ne sois pas obligé de rester tousjours au Harz pendant le temps de l'epreuve«.[3] Auf einer Conferenz, die 1679 mit den Vertretern des unter gemeinschaftlicher Verwaltung der beiden welfischen Linien stehenden Communion-Harzes abgehalten wurden, zeigte diese Verwaltung geringe Neigung, für das damals zum Communionsgebiete gehörige Zellerfeld zu den Kosten des Leibnizischen Projects beizutragen.[4]

Alles schon Erreichte wurde wieder in Frage gestellt, als Herzog Johann Friedrich auf seiner Fahrt nach Italien am 18. December 1679 zu Augsburg durch einen plötzlichen Tod dahingerafft wurde. Leibniz musste, wie er später klagte, »de integro« anfangen und viele Kämpfe mit »missgünstigen oder unverständigen« Leuten bestehen: die Mitglieder des Clausthaler Bergamts erklärten sich gegen ihn.[5] Zwar äusserte Johann Friedrich's Nachfolger, Herzog Ernst August, noch vor seiner Übersiedelung nach Hannover zu Osnabrück, wo er bisher als Bischof residirt hatte, dass er »den Punctum des Leibnizischen Privilegs« mit unter den ersten Dingen vornehmen werde; aber es bedurfte wiederholter Vorstellungen, um die Erfüllung durchzusetzen. Dem Einwand, dass es sich bei seinem Plane um blosse Curiositäten handle, begegnete Leibniz mit dem Hinweis auf die Thatsache, »dass vielleicht kein Fürst in Teutschland bey Curiositäten der Natur und Kunst mehr interessiret, als mein gnädigster Herr«. Er nannte den Harz einen wunderbaren Schauplatz »allda die Natur mit der Kunst gleichsam streitet, und kan eine einzige nützliche mechanische oder chymische invention so anderswo vielleicht nichts gelten würde, allhier vielleicht zehn oder zwölf tausend Thaler jährliche Renten bringen«.[6] Die Bedeutung seiner Erfindung erläuterte er dem neuen Gebieter dahin, dass man von den zwei grossen Bewegungskräften der Natur, Wind und Wasser, bisher auf den Bergwerken sich nur des Wasserfalls zur Treibung der Pumpen, Kunstwerke und dergleichen bedient habe, nicht aber des Windes: durch den Gebrauch dieses neuen Motoris würden die Bewegungskräfte gleichsam verdoppelt werden.[7]

---

[1] Ebend. IV, 425.

[2] »Stuckfähndrich« wird er V, 62 genannt. Wohl identisch mit dem wiederholt als Leibnizens Vertreter im Harz erscheinenden Leutnant Pfeffer. Unten S. 566.

[3] Ebend. IV, 457.

[4] Ebend. V, 71.

[5] Werke herausgeg. von O. Klopp V, 14. 72. Vergl. unten S. 561. 562.

[6] Ebend. V, 52. Vergl. auch V, 58—61.

[7] Ebend. V, 42.

Im April 1680 konnte sich Leibniz »wegen gnädigster Confirmation des Eventual-Privilegii« bei dem Herzog bedanken. Er beabsichtige, »ehestens« hinaufzureisen und alle nöthige Anstalt zu machen.[1] Er glaubte sich jetzt dem Ziele ganz nahe und sah sich bereits als reichen Mann. Einem Freunde in Wien, dem kurtrierischen Rath Lincker von Lutzenwyck[2] schrieb er im Sommer 1680, binnen wenigen Monaten hoffe er sein Werk vollendet zu sehen, und ertheilte ihm, da Lincker sein Geld in den Harzer Minen anzulegen geneigt war, die Auskunft, der St. Margarethen-Schacht verspreche in einigen Jahren reichen Gewinn zu geben.[3] Während man in Clausthal noch bei der Arbeit war, schickten sich die im Vorjahr so zurückhaltenden Zellerfelder zu einem unlauteren Wettbewerb an, gegen den Leibniz beim Herzog Einspruch erhob: sie wollten eine Windmühle kleineren Maassstabes, die sich schnell herrichten liess, in Betrieb setzen, und Leibniz behauptete, dass ihr Modell genau das seinige sei.[4] Seine eigene Kunstwindmühle wurde in diesem Sommer 1680 noch nicht fertig.[5]

Mit der Verwerthung seiner grossen, wie er glaubte so zukunftreichen Erfindung beschäftigt, hatte Leibniz doch auch für alles Andere, was es in den Harzer Bergwerken zu sehen und zu lernen gab, ein offenes Auge. Die Spuren seines Aufenthaltes im Harz während des Sommers und Herbstes von 1680 sind in unserer Sammlung Bruchstücke eines Reiseberichts, die offenbar vorzugsweise zur eigenen Belehrung und zur Stütze des Gedächtnisses dienen sollten.

Einer dieser Aufsätze (fol. 51) beginnt: »den 26. Septemb. 1680 bin auff den Gosslarischen hütten gewesen und solche abermahl besehen, alda folgends in acht genommen«. Es folgt eine Übersicht über die »unterschiedlichen« Öfen, Schmelzöfen, Treib-, Saiger-, Darr-, Gar-Öfen. Auf demselben Foliobogen, der diese Beschreibung enthält, hat Leibniz vom anderen Ende aus das Folgende aufgezeichnet: »Kupfer Erz ist zu Gosslar nicht sehr Bleyisch, daher der stein daselbst wird im Schmelzofen allein tractirt aber zum Zellerfeld wird das Erz erstlich im brenn-ofen geröstet da dann bisweilen etwas von bley bei Kupfer

---

[1] Ebend. V, 62. Die Bestätigungsurkunde vom 14. April 1680 auf der Königlichen Bibliothek zu Hannover.

[2] Vergl. ebenda III, S. XXX. Mentz, Johann Philipp von Schönborn II, 293.

[3] Klopp V, 14 ff., 28. Dass Leibniz selber Kuxe besass, zeigen die Notizen bei Bodemann, Briefwechsel S. 139. 183.

[4] Klopp V, 71, 72.

[5] 1681 spricht Leibniz gegen Lincker die Hoffnung aus, in diesem Sommer das opus iam superiore anno a me coeptum diuque agitatum zu absolviren. Ebend. V, 30. Vergl. 84 ff., 151.

Erz häuffig, abfliesset in form von schlacken so hernach zu guthe gemacht wird«. Diese Notiz schliesst mit der Bemerkung: »Weil Lohneisen[1] sagt dass das Rammelsbergsche Erz im rösten viel verliere und aber solches rösten dreymahl geschieht, müsste man probiren, was beym ersten, andern und dritten Feuer iedes mahl verlohren, so kondte man besser finden, woran der mangel«.

Eine weitere Aufzeichnung über die in Goslar gemachten Wahrnehmungen enthält gleichfalls nur landläufige Dinge (fol. 80):

»Zu Gosslar schmelzet man über leichtem gestübe[2] d Bley gehet in dz Kohlengestübe als welches darauff gleichsam schwimmt und wird dadurch vom Gebläss sicher. Zinck machen sie zu Gosslar etwa quartaliter 500 ℔. Es ist die Bluhme vom Galmei der schiefferstein beschüzet es vorm Gebläse, ist zwischen dem Gebläse und der Vorwand[3] und zwischen der Vorwand und dem schiefer lagert sich der Zinck. hüttenreiter schlüter meinet, das gegrabene Galmey sey bester als das aus den Ofenbrüchen.

»Das Kupfer ist wohl 15 mahl im feuer ehe es zu Gahrkupfer wird nehmlich das Erz wird 3 mahl geröstet der stein wohl 3 mahl denn es komt immer wieder neuer stein. Dann wird das Kupfer gefrischet, oder mit Bley zusammen geschmelzet, dann gesaigert, gedarret alsdann schwarzkupfer, endtlich gahrkupfer, man muss die unterschiedliche Sorten der Kupfer so nach dem erst andere dritten rösten ct. aus dem stein fallen nicht confundiren, sondern in gewisse Stücke diversement tractiren. Hüttenreuter Schlüter hat den Process so zu Saalfeld gehalten wird« u. s. w.

Wie in Goslar suchte Leibniz auch in den anderen Bergwerken sich durch Anschauung zu unterrichten:

»Die Schmelzöfen zum Wildenmann, Zellerfeld, Clausthal und Altenau werden Stichöfen genannt, man nennt es auch über m Hölzlein schmelzen«. Es folgt Beschreibung des Verfahrens. »Die Frischöfen zum Zellerfeld darinn das glett[4] gefrischet[5] wird, sind auf arth der gosslarischen öfen; zum Clausthal aber sind die frischöfen auf art der andern schmelzöfen« (fol. 54).

Einen Verbesserungsvorschlag, von dem der Verfasser sich viel versprach, entwickelt die Denkschrift fol. 155. 179:

»Wie Gold von Silber und auch andere Zusagen der gemeinen Metalle, als Kupfer, Zinn, Eisen, Bley, Messing, Antimoni, Arsenic,

---

[1] G. E. von Löhneyssen, Bericht vom Bergwerck. [Zellerfeld] 1617.
[2] Staub.
[3] Die Wand über dem Herde.
[4] »Eine Materia so im Treiben von dem Silber abgehet«
[5] Zu Blei gemacht.

oder was sonsten dazu möchte kommen seyn, ganz leicht und geschwind durch den guss zu scheiden, und ohne die Cupellen fein zu machen, also dass ein iedwedes Metall besonders erhalten werde. Dadurch viel mühe und Kosten, so auf die gemeine Scheidung gehen, zu ersparen«.

Demselben informatorischen Zwecke dienen Bemerkungen über den »Schlich« (fol. 47):

»Der grobe schlich oder guthe schlich aus dem schlemkasten wird auch genannt schlemschlich und der herdschlich so auf dem planherd mus gewaschen werden, wird auch genannt schlamschlich.« Es folgen Angaben über die Verschiedenheit in der Behandlung des Schlichs zu Clausthal, Zellerfeld und Altenau. Noch ein anderer Aufsatz beschäftigt sich mit dem »Münzwerck zum Zellerfeld« (fol. 48).

Bei späteren Besuchen fuhr Leibniz mit der Sammlung derartiger Notizen fort. Für eine Angabe über den zu Clausthal üblichen Process beim Saigern des Pagaments[1] ergiebt sich ein terminus post quem daraus, dass sie auf der Rückseite eines Briefes d. d. Osterode 20. Februar 1682 steht (fol. 59).

In anderen Aufzeichnungen werden an das Beobachtete alsbald kritische Bemerkungen geknüpft. Ein Aufsatz »Scheidung des Silbers vom Kupfer« (fol. 46), geht davon aus, es werde »aufm harz, zu Gosslar sowohl als Zellerfeld, das Kupfer, davon der Zentner nur vier Loth Silber hat des saigerns nicht würdig gehalten«. Leibniz erörtert dann eine Angabe des Münzmeisters von Zellerfeld, Rudolph Bornman, »dass in Sachsen in allen Saigerhütten der staat gemacht werde, dass über $\frac{1}{2}$ Loth Silber im Kupfer nicht bleiben solle« u. s. w.

Ein umfangreiches Manuscript »Betreffend die Vergleichung des Probiren und Schmelzens oder des grossen und kleinen Feuers bey der Clausthal und Altenauischen Hütte« (fol. 72) gelangt nach sehr detaillirten Berechnungen zu dem Ergebniss: »Dienen also in der that diese Untersuchungen hauptsächlich als Excitatoria der Bedienten; nehmlich bei den hütten desto mehr zu gebührenden fleiss anzustrengen damit gleichwohl in summa die angabe ziemlich herauss kommen möge. Und hat man sonst, ehe auff $\frac{1}{4}$ loth probiret worden, bald scharff bald reichlich angeben, und zwar nicht nach belieben, sondern von einem schlich etwa das eine theil als den groben schlich scharff und den schlamschlich reichlich, vel citra, dadurch compensiret worden. Tantum».

Einige Missstände, die ihm entgegengetreten waren, rügt Leibniz auf einem kleinen Zettel (fol. 52) folgenden Inhalts: »Man will iezo

[1] Eine Masse verschiedener in einander geschmolzener Metalle.

auch nicht mehr zulassen zu muthen, ehe sie etwas findig gemacht; es darff es auch der Oberbergmann ohne Consens der Bergamtleute nicht mehr verlehnen. Dadurch aber werden die Leute vom Schürffen sehr abgeschrecket dazu man sie doch möglichst encouragiren solte.

Man hat sehr übel gethan, dass man das Bergwerck im Lautenthal[1] ganz liegen lassen, da doch die Herrschaft solches hätte forttreiben sollen es würde izo zweifelsohne in flor stehen und zum wenigsten sich frey bauen zumahlen sie alda wegen überfluss des tagewassers mit wenigen kosten bauen könen«.

Eine andere Gruppe von Aufzeichnungen bezeugt den Eifer, mit dem Leibniz auch über die rein verwaltungstechnische Seite des Bergbaues sich zu unterrichten bemüht war. So entwarf er als Muster eine »Schicht Meister Rechnung, exempli causa: Windgöpell zu Zellerfeld für Quartal Trinitatis anno 1681« (fol. 336), ein vollständig durchgeführtes und ausgefülltes Schema. Als eine Abschrift, auch ganz eigenhändig, scheint sich zu kennzeichnen ein Blatt (fol. 347) mit der Überschrift: »Zellerfeld Wildeman und Lautenthalisch Abrechnungsbuch mit den Schichtmeistern, Poch: Hütten und Forstschreibern, unschlitt eisen und Pulver factoren im quartal crucis 1680«; vorangestellt hat Leibniz die Bemerkung: »Auf solches Abrechnungsbuch gründet sich die Zehntnerrechnung«. Dabei liegt noch ein »Summarischer Extract des Zellerfeld Wildeman und Lautenthalischen Abrechnungsbuchs Quartal Crucis 1680« (fol. 341). Gleichfalls eigenhändig ist die »Form des Proben Zeddels wie er nacher Hannover an die Kammer alle 4 Wochen eingeschickt wird Qt. Crucis 1681 Zellerfelder Hütten Proben Zeddel« (fol. 346); darunter folgen als »Elucidatio« sieben Anmerkungen.

Weitaus das ausführlichste unter allen in unserer Sammlung vereinigten Schriftstücken ist die grosse, in der dem Verfasser eigenen systematischen Gliederung angelegte und durchgeführte eigenhändige Denkschrift (fol. 92—103), die das Datum »20. 21. 22. Febr. 1682« trägt.[2]

---

[1] Nach Günther, Die Besiedelung des Oberharzes (Zeitschrift des Harzvereins XVII, 17), war die Aufnahme der Grube Lautenthals Glück, die zuerst 1685 Ausbeute lieferte, für Lautenthal der Beginn besserer Zeiten. Vergl. auch ebend. III, 671.

[2] Einzelnes aus dieser Denkschrift ist schon in den »Repraesentanda« vom Januar 1680 (Werke, herausgeg. von O. Klopp V, 50 ff.) enthalten. Vergl. auch Bodemann, Briefwechsel S. 391. Anderes hat sie gemein mit einer in unserer Sammlung befindlichen lateinischen Denkschrift, die in sechs Capiteln handelt: »de vicina fodinis regione; de solo fodinarum; de signis fodinarum; de structura aliisque particularibus concernentibus fodinas ipsas; de natura et circumstantiis minerae; de reductione minerae in metallum« (fol. 291—296). Im »Januar 1682«, also kurz vor der grossen Denkschrift, entstand eine die Wasserkünste in Clausthal betreffende Aufzeichnung (fol. 67).

Die Denkschrift beginnt: »Es ist das Harz-Bergwerck ausser allen Zweifel vor das furnehmste Kleinod dieser Lande zu halten, welches nicht nur eine grosse Menge Mineralien, insonderheit Vitriol, Schwefel, Eisen, Kupfer, Bley, Glött und Silber jährlich durch Gottes Seegen dargiebet, so theils, in die fremde verführet, geld dafür in das Land ziehen, theils selbst vermünzet werden sondern auch sowohl den Einwohnern des Harzes als denen Unterthanen des Fürstenthums Grubenhagen und ander umliegender Ämter ihre Nahrung bringet und mittel giebet die gemeine Lasten abzuführen«.

Der Verfasser legt dar: »Dass solches Bergwerk innerhalb 10 oder 12 bis 20 jahren weit über die Helfte zugenommen und die Bergstädte an Einwohnern und Arbeitern fast verdoppelt worden, ist nächst dem Seegen Gottes des Landesfürsten grosser Vorsorge hauptsächlich zuzuschreiben, inmassen selbiger weder Kosten noch Anstalt gespahret, sondern alles gethan was möglich dem Gewercke ein Herz zu machen und neue oder verlegene oder doch zuvor gar langsam und kümmerlich betriebene Zechen in aufnehmen und gang zu bringen; zu welchem ende Seine Durchl. auss dem fürstl. Zehndten grosse Summen vorgeschossen den wichtigen Punct des 19 Lachterstollens in richtigkeit gebracht kostbare tiefe gräben und wasserläuffe errichten und nichts an sich verwinden lassen, daher dann der grosse Unterschied so aniezo zwischen Zellerfeld und Clausthal zu verspüren erfolget, weilen bey der Communion das Werck mit solchem Nachdruck und eifer nicht wohl angegriffen werden können«.

»Damit man nicht wieder herabzusteigen gezwungen werde, welches zwar sehr besorglich, aber nicht weniger schimpf- und schädtlich seyn würde; so were nöthig, nicht nur von der guthen Vorsorge nicht nachzulassen, sondern auch solche bey befürchtender declination zu vermehren und nicht das geringste so dienlich zu unterlassen. Zu solcher Vorsorge aber wer vor allen Dingen nöthig Eine vollkommene **Nachricht**, Ein fleissiges **Examen** und dann Eine nachdrückliche **Execution** und anstalt.« Die vollkommene Nachricht gehet an »sowohl das was geschieht als was geschehen köndte oder sollte«. In erster Beziehung unterscheidet der Verfasser Universalia und Singularia. Universalia bestehen »in einer vollkommenen Beschreibung des ganzen Processes auf dem Bergwerck vom anfang bis zum ende ad minutissima usque«. Die darüber vorhandenen Schriften sind theils unvollkommen, theils veraltet; der Bergbau ist durch das Schiessen, die Maschinen, durch die Berg- und Grubenkünste heut zu Tage in einen ganz andern Stand gerathen. »Solche Beschreibung kann von niemand unternommen werden, als der in physicis und mechanicis Lust und Nachricht, zu dem ende aber von der gnädigsten Herrschaft Vollmacht und Autorität habe, also dass ihm nicht alleine aus fürstl. Cammer und berg Protocollis Nachricht gegeben, sondern auch alle Bergbediente in so weit an ihn gewiesen und befehlichet, ja bey ihrem eid und pflichten erinneret werden, alles aufrichtig und treulich zu entdecken, von allem umständliche und deutliche Nachricht zu geben, auch gar in antecessum und zu mehrer und besser Untersuchung Schriftliche ausführliche Relationes von dem so ein ieder unter handen hat einzuschicken und dabey ihrem besten wissen und gewissen nach anzuhengen was sie etwa zu endern und zu verbessern nöthig und nüzlich hielten.«

Der Verfasser giebt dann einen gedrängten Entwurf für eine Bergwerksbeschreibung quoad universalia. Die zwei Hauptpunkte sind die Erzförderung und der Erze Zugutmachung.

Die Erzförderung besteht in Anzeigung des Erzes, Bergbau, Künsten. Zum ersten gehört »die Wissenschaft des Gesteins, wie eins auf das andere folget« u. s. w. Einige Quaestiones habe die Societas Regia Anglicana entworfen, aber nur mangelhaft. Die Beschreibung des Bergbaus hat sich auch zu erstrecken auf die Instrumente, ihre Grösse, Form und Gewicht, Abrisse, Maasse, Preis und zur Zeit nöthige Reparation, auf die Leistungen und Löhne der Arbeiter, auf die Wissenschaft, die Schachte zu befestigen. Von der den Bergbau »dirigirenden« Markscheidekunst ist eine ausführliche Beschreibung erforderlich, »darin nicht nur theoretica und geometrica, sondern viel observationes practicae enthalten sein müssen«. »Dabey köndte man sogar das heutige Bergwercksrecht und decisiones allerhand subtiler casuum, so sich ereignen können.«

Der Künste oder Machinae zur Erleichterung der Erzförderung sind dreierlei: »Denn entweder sie dienen Wetter[1] in die grube zu bringen oder das schadtliche grundwasser heraus zu schöpfen oder auch Berg und Erz heraus zu treiben«. ... »Bey solchen Künsten ist zu betrachten Motor oder die Krafft, welche gemeiniglich komt von der Wasserkunst, die Communication dadurch die Krafft angehenget wird, so aniezo geschieht durch Feldkünste, und endtlich die Schacht oder Grubenkunst selbsten.« Diese Künste werden einzeln beschrieben.

»Wenn nun durch diese Mittel eine Grube gewaltiget auch Erz darauss gefordert wird, so wird solches entweder auff dem Hunde in stollen hinausgelauffen, oder vor das Füllorth bracht und im Schacht herausgezogen, welches geschiehet durch Menschen hände, durch Pferde oder durch ein Wasserrad.« Auch diese Manipulationen werden einzeln veranschaulicht.

---

[1] Die frische Luft, ohne die der Bergmann nicht arbeiten kann.

Nach den Ausführungen über die Erzförderung folgt der Abschnitt Erz-Zugutmachung: durch Wasser in den Pocherwerken, durch Feuer in den Hütten. Beide Processe werden geschildert. Das Probieren in's Kleine sei von LAZARUS ERCKER[1] und Anderen zur Genüge beschrieben. »Der Process ins grosse findet sich noch nicht ausführlich und umständtlich gnug bei einigem autore, dahero und soviel desto mehr zu dessen gründtlicher untersuchung fleiss anzuwenden, weil solcher von der kleinen Arbeit ganz und gar unterschieden. bestehet in Rösten, Schmelzen, Saigern und Treiben.« Es folgen Einzelheiten. »Vom Münzwesen köndte auch ein eigner articul gemacht werden, weil es aber nicht nur auff Bergwercken, sondern auch sonst hin und wieder bekand, so habe es iezo übergehen wollen.«

Die im zweiten Hauptheil behandelten Singularia »sind je an dieses Bergwerck in specie auch an gewisse örther und zeiten und andere Umbstände gebunden, solche sind wieder unterschiedtlich, denn einige sind beständig, andre veränderlich. Und solche haben wieder ihre grade, denn etliche ändern sich kaum alle 10 oder 20 jahr und drüber, andre können alle Bergrechnungen oder Quartale, theil auch wohl alle wochen von neuem beschrieben und angemercket werden«.

Zu den beständigen Singularibus zählt LEIBNIZ eine Chorographia (Beschreibung der Forsten, Thäler, Gewässer) und eine Topographia subterranea, für deren Anfertigung er eingehende Winke giebt. Dabei darf man sich nicht auf die Tradition verlassen, »denn der alten Bedienten Erfahrung mit ihnen zu sterben pflegt und nicht allemal auf andre fortgepflanzet wird, inmassen ich selbst mich erinnre einige Dinge und nicht so gar alte Nachrichten gefunden zu haben, davon man heut zu tag keinen Bericht mehr zu geben weiss. ... Die Abrisse, so man bishehr gebrauchet, sind theils grund, theils Seiger risse, oder wie man es sonst zu nennen pflegt: ichnographia und orthographia, theils auch ein compositum von beyden, es ist aber der Mangel dabey dass man bey den Grundrissen die gelegenheit der Schachte, auch wieviel eine strecke über den andern, nicht sehen kann, hingegen bei den seiger rissen kan man die Distanzen der örther in der Grube und deren gelegenheit am tage nicht sehen, sondern offt was weit von einander gelegen muss man zusammenziehen. ... Derowegen wer nöthig einen scenographischen oder perspectivischen Abriss des Bergwercks zu machen, gleichsam als ob das auge in der Lufft schwebte und der Berg durchsichtig wäre.«

Solcher scenographischer Riss wäre mit den Grund- und Seigerrissen zu conjungiren. »Weil aber die universal abrisse so gar umb-

[1] Vergl. MORHOF, Polyhistor, II, 403. 419 (ed. III, Lubecae 1732).

ständtlich nicht seyn können, so wären von ieder grube in specie wiederumb 3 solcher Special abrisse zu machen.«

Für das, was sich in den Gruben wöchentlich ändert, hat Leibniz »bedacht, ob nicht für jede grube eine eigen tabelle abgefasset werden köndte«. Für die Einrichtung dieser Grubentabelle, die auch bei den wöchentlichen Deliberationen des Bergamts zu Rathe zu ziehen sein würde, macht der Verfasser eingehende Vorschläge.

Aus den »Zechentabellen« würde ein »Wochenzeddel« über das ganze Bergwerk und ein kurzer »Haupt-Zeddel« zu extrahiren sein.

Weiter empfahl Leibniz, wöchentliche »Puch- und Hüttenberichte« einzuführen. »Ja es wäre vielleicht rathsam, das Bergrath, Zehndtner, Bergmeister, Bergschreiber, Zehndtgegenschreiber, Hüttenreuter, Puchverwalter, Forstschreiber, Münzmeister ieder einen verschlossenen Monath-Zeddel in die fürstliche Cammer schicke darinnen ein ieder gehalten, sowohl was von ihm geschehen und künfftigen monath geschehen solle, als auch was ihm etwa zur aufnahme des Bergwercks Dienliches vorkommen und er zu erinnern habe anzuzeigen also ein ieder ad rationem muneris sui reddendam angehalten würde und sich etwas nüzliches zu thun befleissen müsste.«

Ein weiterer Vorschlag richtet sich auf Abhaltung von Visitationen mehrmals im Jahre.

»Ferner hätte man sich bei gelegenheit zu befleissen, die Bergwercks processe, sowohl Bergbau, Puchwerck als Hütten betreffend, von andern Bergwercken auffs umbständtlichste zu verlangen, welches nicht allein durch correspondenz und sonsten geschehen kan, sondern man köndte jungen Bergleuten, bey denen vor andern ein fähiges ingenium gespühret worden, unter die arme greiffen, dass sie gelegenheit zu reisen und unterschiedtliche Bergwercke zu besehen bekommen mögen.«

Arbeitern, die »sonderliche Vortheile auf der Bergwercksarbeit« kennen, empfiehlt Leibniz eine »Ergötzlichkeit« zu gewähren, damit sie Andere in dem Vortheil unterweisen; auch Preise könnten ausgesetzt werden. Um den Betrügereien und dem Faullenzen bei den »Weilarbeiten«[1] zu steuern, würden solche Arbeiten entweder ganz abzuschaffen oder nur im Verhältniss zur wirklichen Leistung zu bezahlen sein. Dem Gedächtniss der Bergmeister sei durch eine Gedingtafel (Lohntabelle) zu Hülfe zu kommen.

Andere Vorschläge betreffen die Beförderung der Stollenarbeit, Verbesserung der Luftwechselung, Vervollkommnung der Künste.

---

[1] Arbeiten ausserhalb der ordentlichen Schicht. Über die Einrichtung von Tabellen, um Unterschleif und Faulheit der Arbeiter und »gute und böse Anordnung derer, so die Obsicht haben« zu controliren, giebt eine andere, anscheinend ältere Aufzeichnung des Verfassers Auskunft (fol. 76. 77).

»Bey den Künsten wäre viel zu verbessern und zu dem ende die bishehr noch nicht gebrauchte Krafft des windes in arbeit zu stellen davon wir die Würckung zum theil bereits gesehen. Zu welchem ende windtmühlen zu bauen, welche den Vortheil vor Wasser Rädern haben dass die nicht an eine gewisse Zahl und Grösse gebunden, sondern es können 10 windmühlen stehn wo man eine hinsezen kan, man auch die Flügel so hoch und breit machen als immer thunlich weilen die neu erfundene manier sehr sicher und beständig und kräfftig, auch so wohl dem bau als der wartung nach unköstlich. Dahingegen die Zahl der wasserräder limitirt und an die Zahl der fälle gebunden, auch nicht höher als der Fall noch die schauffeln grösser als es die quantität des Wassers erfordert gemacht werden können. Durch solche Wind Künste nun wird die bishehr auf den Bergwerck gewöhnliche Krafft mehr als verdoppelt, und kan man dergestalt neue Gruben, so keine gelegenheit zu wasserkünsten haben aufnehmen, auch die alte so bishehr nicht zu sumpf zu halten gewesen, gewältigen, und aus der Zubusse in die Ausbeute bringen. Weil man auch etliche wind Künste zusammen spannen köndte, also dass die sätze unter sie einzutheilen, so würde keine grube so tieff und wasser nöthig seyn, wofern sie sonst die Kosten ertragen kan, so nicht dadurch vom grund wasser zu befreyen, wenn nur der wind alda anzubringen, dazu hernach wenn sie gleich tief genug respectu des windes gelegen ein mittel angewiesen werden soll.

Uberdiess so kan man das Wasser vermittelst des windes dergestalt in die höhe bringen, dass es einen fall haben und in die Kunstgräben geleitet werden könne wie dann bey der Innerste behueff des Thurm Rosenhofer Zugs bey dem Schwarzen Wasser auch grumbach zu behueff des Burgstätter Zugs und sonst vielleicht an andern orthen mit nuzen geschehen köndte.

Item, das wasser so bereits auff den rädern gewesen und nunmehr also in den thal herab gelauffen dass es keinen fall mehr haben kan, solches köndte vermittelst des windes wieder in die höhe gebracht und also abermahl gebrauchet werden. dass dergestalt in effectu noch halb so viel wasser erhalten würde, wie sich dann beym berge Burgstätter Zug sonderliche gute gelegenheit dazu ereignete, so bereits zum theil angewiesen worden.

Dem Pochwerck ist auch durch den Wind zu helffen, sowohl wenn das wasser vermittelst des windes in die höhe oder wieder zurückgebracht wird, als auch wenn ein Pochwerck an ein stehendes Wasser sumpf oder wiederwage dadurch ein bach doch ohne fall fliesset geleget würde weil der fall dem Wasser vom winde gegeben werden köndte.

So wären auch Pochwercke durch dieses mittel nahe bey die Gruben zu legen und dadurch die kostbare Erzfuhre zu erspahren, und zwar nicht nur vermittelst des durch den wind zuwegegebrachten Wasserfalls, sondern auch indem die immediat Windkünste das wasser erspahren, dass dessen viel übrig bliebe, so zu behueff solcher Pochwercke anzuwenden.

Es köndte auch solches übrige wasser zu Kehrrädern gebrauchet werden; wiewohl auch die windt und wasserkünste selbst vermittelst bequämer application dazu dienen köndten; und es were auch ein mittel vorhanden die kosten so auff die Pferde in den gaipeln zu gehen grossen theils zu erspahren.«[1]

Als das »höchste Desideratum in puncto der Bergwercks Künste« gilt dem Verfasser, ein Mittel ausfindig zu machen, »dadurch die kostbaren Feld- und stangen Künste, Geschlepp und Gestänge samt Kolben und Liederung und Friction abzuschneiden und darauf in Distanz auf etliche hundert lachter viel besser und kräfftiger als vermittelst der iezigen Feldkünste zu wircken und die wasser von weiten auch aus der grössten tiefe zu heben«.[2]

Unter Bezugnahme auf frühere Befehle empfiehlt Leibniz noch, »ein Cabinet von Harz-Mineralien, Bergarten und Sorten zu formiren und allezeit die Proben von ieder Grube bey zulegen«.

Die letzten Absätze der Denkschrift enthalten Vorschläge zur Vervollkommnung der Probier- und Markscheidekunst. Ein zusammenfassender Schluss fehlt, das letzte Wort ist, wie häufig in Aufsätzen des Verfassers: tantum.

Wie diese Denkschrift vom 20. bis 22. Februar 1682 ersehen lässt, war Leibniz damals noch voll bester Zuversicht für seine »Windkünste«. Dass er seine Erfindung noch zu vervollkommnen strebte, zeigt ein chronologisch nicht zu bestimmendes Blatt mit der Überschrift: »Was bey dem von Meister Hansen angefangenen Windtmühlen Modell mit einem von mir Neu angegebenen Fallwerck, zu endern, und sonsten noch dazu zu machen«. Leibniz geht hier mit dem sonst von ihm geschätzten Zimmermeister Hans Linsen[3], der Jahre lang unter ihm gearbeitet hat, streng in's Gericht: »Weil ich Meister Hansen

[1] Auf den Betrieb mit Pferden beziehen sich in der Sammlung auch die Aufzeichnungen fol. 224 und 227, die letztere lateinisch, sowie fol. 35: »Zum Treiben anstatt der Pferde im Geipel »X^{b} 1683«. Andere Ausführungen zur Treibkunst fol. 213. 214. 224. 235. 237.

[2] Dasselbe Problem beschäftigte Leibniz noch vierzehn Jahre später. Vergl. das Tagebuch vom 17. August 1696; Werke, herausgeg. von Pertz IV, 198.

[3] Vergl. E. Bodemann, Briefwechsel S. 150. Tagebuch von 1696, a. a. O. S. 187. 194.

zwey Zeddel mit einigen darauf entworffenen Figuren hinterlassen, so hat er wie es scheinet nur auf den ersten gesehen, des letzten aber, welchen vornehmlich nachgegangen werden sollen, vergessen, wie wohl er auch von dem ersten abgewichen. Was nun das Fall-werck an sich selbsten, so hieran das Vornehmste ist betrifft, so sind an dem Modell viel Mängel. Denn 1° nachdem der stehenden welle arm den arm der einen liegenden welle angegriffen und damit das Fallwerck erhoben, so gehet die Kunst so lange ledig umb, bis der stehenden welle arm gegenüber zu dem von der andern liegenden welle komt und solche hebet. hernach gehet die Kunst abermahls ledig umb . . . also das solcher gestalt mehr als zwey drittel des Umbganges ledig verrichtet werden . . . . welches alles dem zweck und der Abrede ganz nicht gemäss. 2° So ist alles mit Vielen unnöthigen stücken überladen, denn was ist das für eine weitlauffigkeit?« Die Kritik wird durch eine Zeichnung erläutert.

Auch ein gleichfalls undatirter Notizzettel (fol. 183) für eine bevorstehende Reise erwähnt das »Modell von der Windkunst«. Der Zettel mag als Curiosum hier ganz mitgetheilt werden:

Nach den Memorialen sehen, die ich meister Hansen das Vorige mahl hinterlassen.
2. Mr Hansens Modell von der Windkunst.
3. Die beyden rollen mit den federn
4. Die Hengbrücke, item den überwurff
5. Den Hölzinen blasebalg
Hans soll die Puffjacke rein machen.
Was ich mitnehme.[1]
meister Hansen und Schniz Casparn geld geben
Beyn Bergschreiber wegen meines Verlegers.
Simon ruffen lassen.
Schniz Caspars Leim, Schwamm und andre Dinge
Eisenscheiders Buch
Was von Geld da.
Hr Mechovij[2] stube
Buch beym Zehndtner. Eidem die Cristallen spendiren.

Endlich liegt zur Geschichte dieser »Windkunst« noch ein von einer Zeichnung begleiteter Aufsatz vor: »Machine um Wasser in die Höhe zu blasen und Vermittelst der Lufft auf eine grosse Distanz zu operiren« (fol. 190). Leibniz geht hier aus von der experientia fundamentalis: »Die Lufft wenn sie noch eins so sehr gepresst wird, als sie irgend ist, so kan sie das wasser 30 schuch hoch heben, und etwas drüber«.

---

[1] Ähnlich das Tagebuch vom 15. September 1696: »Mitzunehmen Thee, Café, Chocolate, Feyerzeug, Wachsstock«. A. a. O. 214.

[2] Wohl der bei Bodemann, Briefwechsel S. 174 aufgeführte Zellerfelder Correspondent Leibnizens.

Sehr bald aber folgte nun die Enttäuschung. Zunächst ergaben sich nur kleinere Schwierigkeiten und Hindernisse. Der Mathematiker Huygens in Paris, mit dem Leibniz 1680 anlässlich seiner Erfindung in brieflichen Meinungsaustausch getreten war, hatte gleich das Bedenken geäussert, ob die Herstellung der offenbar sehr theuren Maschinen sich lohnen werde.[1] In den »Geographischen und historischen Merckwürdigkeiten des Ober-Hartzes« von Julius Bernhard von Rohr (Frankfurt und Leipzig 1739) findet sich die Angabe: »Die Bergleute fanden ihre Ursachen, das Werck durch allerhand kleine Künsteleyen zu verhindern, also dass es liegen blieb« (S. 499). Dagegen lässt der Rector der Clausthaler Lateinschule, Henning Calvör, der für sein »Programma de historia recentiori Hercyniae superioris mechanica« von 1726 »scripta publica«, offenbar die Acten der Clausthaler Berghauptmannschaft, benutzte, bei Erwähnung der missglückten Versuche durchblicken, dass man in Clausthal die Schuld Leibnizen beimaass, indem er sich mit der Bemerkung salvirt: »causas in omnibus adscribere autoris defectui scientiarum modestia prohibet, eas vero inquirere meum jam non est.«[2]

Über den Ausgang des Versuchs giebt dieser Gewährsmann an, nachdem die Maschine wiederholt zerbrochen, sei sie endlich durch einen heftigen Sturm völlig zerstört, und seit der Zeit habe man von dem Beginnen Abstand genommen.

Calvör nennt 1682 als das Jahr der Katastrophe. Es mag sein, dass damals die Maschine Windschaden gelitten hat; eingestellt aber wurden die Versuche vorerst noch nicht.[3] Aber Leibniz wurde mit den Fachleuten nicht einig. Sie waren von vorn herein überzeugt davon gewesen, dass die Erfindung unpraktikabel sei; hatte sich doch Leibniz bei Abschluss des Vertrages vom 20. September 1679 (oben S. 548) gefallen lassen müssen, dass folgender Satz in die Urkunde Aufnahme fand: »Ob nun wohl dieses Werck von grosser Schwierigkeit undt dabey so vil dubia gefunden, ihnen [dem Hofrath Leibniz] auch nach laut der darüber gehaltenen protocolle so Er zugleich unter-

---

[1] Vergl. Briefwechsel von G. W. Leibniz mit Mathematikern, herausgeg. von Gerhardt, Berlin 1899, I, 581. 584. 586.

[2] Bei Honemann, Alterthümer des Harzes, Clausthal 1754, der sich sowohl auf Rohr wie auf Calvör bezieht, heisst es vorsichtig (IV, 130): »Man saget aber, es sey eine Missgunst und Ungeneigtheit zu Neuigkeiten viel Schuld daran gewesen, dass dem Werk der Umgang öfter verhindert wäre«. Guhrauer (Leibniz I, 204) beruft sich auf das Urtheil des Freiberger Oberberghauptmanns von Trebra, dass Leibniz »darin sein grösstes Hinderniss fand, dass er mit den Praktikern im Bergbau und ihren Vorstehern schlechterdings zu keiner Verständigung kommen konnte«. Hierauf stützt sich wohl Klopp im Archiv für österreichische Geschichte XL, 169: »Das Urtheil späterer Sachverständiger hat die Schuld nicht Leibniz zugemessen«.

[3] Vergl. den zuversichtlichen Brief vom 1. August 1683, Werke, herausgeg. von Klopp V, 187

schrieben, vorgestellet, dass der angegebene Effect schwerlich zu hoffen were, so hat Er jedoch deroselben, auch des Hoff- und Bergraht Hartzings absonderlichen .... dubiorum unerachtet das Werck zu entrepreniren und anzutreten sich erklärt«. Im Jahre 1684 befehdete man sich heftig in Schriften und Gegenschriften, am 14. Mai auch mündlich auf einer vom Herzog angeordneten Conferenz zu Clausthal. Die Beamten verwahrten sich gegen den Vorwurf, dass sie die Befehle Serenissimi zu »eludiren« suchten. Leibniz entgegnete: »Hielte nicht dafür, dass das Wort eludiren grob, sondern vielmehr so höflich, als die Sache immer leiden könnte«. In einem Brief an einen Ungenannten vom 15. September 1684 hören wir ihn wieder klagen, dass die Zeit »so schändlich versäumet werde«. Endlich waren die neuen Anstalten getroffen, wegen derer man übereingekommen war. Im November 1684 arbeitete die um fünf Sätze verstärkte Windkunst unter Leibnizens Augen auf der St. Katharinen-Grube bei Clausthal. Nach seiner Meinung war die Probe gelungen. Aber auf einer neuen Conferenz zu Clausthal am 10. Februar 1685[1] verhielten sich die Vertreter des Bergamts noch immer ablehnend. Leibniz stellte eine weitere »Modification« in Aussicht, der Hof- und Bergrath Berward erwiderte, nach Proposition und Contract habe der Herr Hofrath den tiefen Gruben sowohl als untiefen mit der Windkunst helfen wollen (man warf ihm vor, dass die Maschine bei grösserer Tiefe versage) und zwar ohne einige Modification. Die Dubia könnten »einzig und allein durch eine ordinirte Probe aussm Wege geräumt werden«. Der ganze Hochmuth des Praktikers gab sich in Berward's Erklärung kund: »Betreffend den neu vorgeschlagenen modum der Probe, so sollte derselbe meistentheils auf Vernunftschlüssen beruhen, darum er uns verdächtig und anzugreifen zu heiss wäre«.[2]

Fachmännern mag es anheimgestellt bleiben, über die von beiden Parteien in's Feld geführten Behauptungen ein Urtheil zu fällen. Dass die Einwände des Clausthaler Bergamts jedenfalls bis zu einem gewissen Grade begründet waren, hat doch Leibniz selbst zugegeben, wenn er bald nach jener Conferenz in einem Entwurf vom 20. April 1685, (überschrieben: »habe es besser ausgesonnen«) das Problem von Neuem erörterte; die Aufzeichnung[3] beginnt: »Windtmühlen, so das Wasser bey Bergwercken aus tieffen Gruben ziehen sollen, haben diese schwührig-

---

[1] Auch um Neujahr 1685 weilte Leibniz auf dem Oberharz; Werke, herausgeg. von Klopp XII, 9.

[2] Der Verlauf dieser Streitigkeiten erhellt aus dem bei E. Bodemann, Die Leibniz-Handschriften der Königlichen öffentlichen Bibliothek zu Hannover S. 243 verzeichneten Actenstücke.

[3] Angeführt bei E. Bodemann, Leibniz-Handschriften, S. 331.

keit, dass sie bei starckem Windt das gestänge alzu geschwind umbgehen machen, dahehr leicht etwas reisset, bey schwachem Winde aber haben sie nicht Krafft genugsam«.

Leibniz gab den Kampf auf. Herzog Ernst August vermittelte einen Vergleich, dessen Urkunde in einer Verschreibung vom 31. Juli 1685 vorliegt.[1] Der Herzog geht in diesem Schriftstück davon aus, dass zwischen dem Bergamt und Leibniz allerhand Disputen und Irrung entstanden sei, »indem dieser beständig souteniret den völligen Effect der Machine dargethan zu haben undt hingegen das Bergambt nomine der Gewercke deme entgegen gewesen«; dass inzwischen ein Mittel (Bau eines Neunzehnlachter-Stollens) ausfindig gemacht worden sei, dem Grubenwasser anderweit zu steuern; dass der Herzog demnach gutbefunden habe, »mit der Windkunst zu Abwerffung derer Kosten es dermalen in statu quo zu lassen«. »So haben wir«, fährt die Verschreibung fort, »bey solcher Bewandnüs in consideration der von gedachtem unserm Hoffrath Leibnitznen in diesem Wercke geführten guten intention auch angewandten Mühe um Kosten in gnaden resolviret das weile unser hoffrath der dieser sachen halber an die Clausthalischen Gewercke machenden praetension sich begeben und sich beständig verreversiret die historiam unseres Fürstl. Hauses, dessen Ursprung und ankunfft bis auff itzige Zeit auszuarbeiten und zu beschreiben und darinnen seinen fleis und beywohnende Wissenschaften anzuwenden, auch in keine andre Dienste sich zu geben und einzulassen, Wir denselben auss sonderbahrer gnadigster Consideration in unsern Diensten nach wie vor zu conserviren, gnadigst geneigt sein und ihn hingegen zusagen und versprechen den rang und Titul unsers hoffraths fernerhin allezeit und seine bis dahin gehabte Besoldung in eine pension ad vitam verwandelet werden solle.«

Über die Windkunst waren damit die Acten geschlossen. Aber seine Thätigkeit für den Bergbau stellte Leibniz deshalb keineswegs ganz ein. Im November 1685 treffen wir ihn von Neuem in Zellerfeld, mit einer »neuen Manier Erz aus der Grube zu treiben«, bei der ein »eisernes Seil«[2] von Bedeutung war, beschäftigt. Ein Notizblatt vom 25. November 1685 (fol. 215), zeigt ihn uns inmitten seiner Arbeit.

Während dieses neuen Winteraufenthaltes auf dem Oberharz blieb reichliche Musse zur Beschäftigung mit mathematischen Fragen, zu denen die praktischen Aufgaben zum Theil unmittelbare Anregung

---

[1] Vergl. S. 562 Anm. 2 und den resignirten Brief Leibnizens an die Herzogin Sophie mit dem Rückblick auf eine Thätigkeit von vierzehn Jahren in hannoverschen Diensten (Zeitschrift des Histor. Vereins für Niedersachsen 1890 S. 134).

[2] Hierher gehören, wie es scheint, auch die undadirten Aufzeichnungen fol. 30. 43. 219. 31.

gaben. Ein Blatt (fol. 39), datirt »Zellerfeld decemb. 1685«, enthält die »Solutio problematis mechanici non inelegantis: duos axes ita sibi accommodare, ut uno in easdem semper partes circumacto alter ab eo prout volumus nunc in has nunc in contrarias partes agatur«. Die Lösung war durch Federzeichnungen erläutert. Der Verfasser bemerkt: »Hoc problemate opus habui apud fodinas Hercyniae«. Eine andere, demselben Monat angehörige Aufzeichnung (»Zellerfeld 1685 X^b^«) beginnt: »Nuper in mechanicis opus habebam problemate tali« (fol. 38). Das Tagebuch von 1696 lehrt uns, wie Leibniz auf seine mathematischen Probleme vielfach gleichsam unwillkürlich geführt wurde, im Reisewagen, Morgens im Bett, Abends im Wirthshaus »bey Langerweil«.[1]

Leibnizens Briefwechsel mit dem Philosophen Simon Foucher zu Paris von 1686 lässt ersehen, dass er damals an seinen technischen Constructionen die Lust noch nicht verloren hatte. Er erwähnt, dass sich auf den Harzer Minen die Kurbeln (manivelles) gut bewährt hätten, mit deren Hülfe man Pumpen auf eine Entfernung von 500 Toisen und mehr in Bewegung setzen könne; er weist diesen Freund, von dessen Fürsprache er seine Aufnahme in die Pariser Akademie erhoffte, darauf hin, dass er sich durch seine Reisen und Forschungen eindringende Kenntnisse der Minen und Mineralien erworben habe, auf einem bisher am wenigsten aufgehellten Gebiete, während mit dem Thier- und Pflanzenreich so Viele sich befassten. Er glaube, hier erhebliche Entdeckung gemacht zu haben, und könne beweisen, dass Agricola[2] und alle andern von der Wahrheit weit entfernt geblieben seien; auch habe er sich die Herstellung einer Anzahl merkwürdiger Modelle für Instrumente, Maschinen und Gerüste, deren man sich thatsächlich in den Bergwerken bediene, etwas kosten lassen.[3]

Dass aber bei der Ausführung abermals nicht Alles ineinandergriff, ergiebt sich aus einer wieder durch Zeichnungen erläuterten Niederschrift vom »1. Martii 1686« (fol. 32), wo Leibniz eine »wunderliche schwührigkeit« erörtert, die sich bei seiner »neuen Manier Erz auss der Grube zu treiben« gefunden habe: sein eisernes Seil ohne Ende wand sich bei seiner grossen Länge »wie ein strick oder schraube« und machte so einige Constructionsänderungen erforderlich.[4]

Aus dem »decemb. 1685« liegt noch ein Aufsatz (mit Zeichnungen) »Von Stangenkünsten« vor (fol. 201). Vom »4. jan. 1686« datirt eine

---

[1] Werke, herausgeg. von Pertz, IV, 86. 187. 189. 193. 195. 196. 209.

[2] Georg Agricola (Bauer) 1494—1555. K. A. v. Zittel, Gesch. der Geologie und Paläontologie S. 17.

[3] Philosophische Schriften, herausgeg. von Gebhardt I, 381. 394.

[4] Den schliesslichen Misserfolg auch der Versuche von 1685 und 1686 erwähnt Calvör a. a. O.

Zeichnung für Construction eines Zapfenklotzes, mit Erläuterungen (fol. 185). Den Vermerk »Martii 1686« trägt ein »Inventum Memorabile Eine application an einer Machine dadurch sich solche selbst moderire«, um nicht in »allzu geschwinden lauf« zu kommen (fol. 37). Im Sommer dieses Jahres beschäftigte sich LEIBNIZ eingehend mit der Markscheidekunst, an der Hand des damals veröffentlichten Buches des kursächsischen Zehndtners Nicolaus Voigtel: »Geometria subterranea oder Marckscheiderkunst«. LEIBNIZ hat aus diesem Werk sich sehr umfangreiche, mit eignen Bemerkungen durchsetzte Auszüge angefertigt (fol. 312—332); am Schluss steht: »Nil deest«. Eine andere Aufzeichnung, überschrieben »Marscheide Kunst«, beginnt: »Die Bergmeister werden Marscheider oder Marckscheider genennet weilen sie die Marcken oder Grenzen der gruben scheiden Marcksteine sezen und ieder Grube feld dadurch bemercken« (fol. 324). Eine von fremder Hand geschriebene Zusammenstellung »Vom Gebrauch und Fabrication derer Instrumenten so zum Marckscheiden gehörig« (fol. 307 ff.) hat LEIBNIZ mit Randbemerkungen, Federzeichnungen und dem Schlusswort »tantum« versehen. Die mit der Markscheidekunst verwandte Wägekunst betrifft eine Notiz vom »28. Augusti 1686« (fol. 331^{v}); dasselbe Gebiet behandelt eine lateinische Aufzeichnung vom folgenden Tage (fol. 330), sowie eine undatirte mit dem charakteristischen Eingang »Gleichwie ich befunden dass in Arithmetica das beste correctivum errorum sey, dass man nicht lange mit der Examinirung oder Probe bis zu ende der operation warte« u. s. w. (fol. 333).

Im »Frühling 1687« sann LEIBNIZ darüber nach, wie beim Reinigen der Erze Vergeudung kostbaren Stoffes vermieden werden könnte: »in den Pocherwerken wird vermuthlich nicht wenig verlohren und gehet viel guther Schlich in der Trübe entzwey, weilen die unterlagen von den stempeln bald wieder gedrückt werden, weil nun die Vorsazbleche hochstehen, so können die schliche nicht sobald durch die Vorsatzbleche kommen, sondern bleiben unter den Stempeln und werden alzu klein und dünn, also dass sie hernach unter das Trübe fortgehen und nicht sizen bleiben« u. s. w. (fol. 135).

In die Jahre 1687 bis 1690 fällt die grosse Studienreise, die LEIBNIZ für seine geschichtlichen Aufgaben nach Oberdeutschland und Italien unternahm. Aus den ersten Jahren nach seiner Rückkehr liegen in unserer Sammlung noch einige Briefe von ihm vor.[1]

[1] Den Anfängen der Bekanntschaft LEIBNIZens mit dem Harz dürfte das abschriftlich erhaltene Bruchstück eines lateinischen Briefes angehören, der sich sehr hoffnungsvoll über die Zukunft des Harzer Bergbaues ausspricht, mit dem Distichon zum Schlusse: Optima quaeque precor: procul hinc fatalia cedant; impleat omnipotens haec mea vota Deus (fol. 71). Die Copie eines Briefes an den Generalsuperintendenten

Ein Brief an einen unbekannten Empfänger, vom 31. Juli 1693 aus Hannover, ist in der Ausfertigung erhalten (fol. 237, 238), die also in die Hände des Absenders zurückkam. Der Eingang lässt ersehen, dass auch damals Leibniz der Unterstützung durch das Bergamt nicht ganz sicher war: »ich erwarte von Balthasarn[1] nachricht ob man im Bergamt mit dem vorhaben zufrieden. Wo nicht muss ich deswegen ordre suchen. Wir wollen aber darauff nicht warten, sondern soviel wir können mit der Arbeit fortfahren, weil doch die ordre ohnfehlbar erfolgen wird.« Das »Vorhaben« bezweckte die Anfertigung von doppelten Rädern »so auff die gaipel-Spindel kommen sollen«. Der Brief enthält eingehende, durch Federzeichnungen erläuterte Anweisungen für »Meister Hanss«, der in der folgenden Woche auf dem Harz erwartet wurde.

Von einem zweiten Brief liegt das eigenhändige Concept vor (fol. 18), »par Son Excellence Monsieur de Bousch[2], Ministre d'Estat de S[on] A[ltesse] E[lectorale]«, in dorso einer Tabelle von der Grube Margareta' für das Quartal Luciae 1693, mit dem »dienstlichen« Dank für eine Communication und einer Notiz über die Höhe der Fuhrmannslöhne für die »Treibe Erz« und die »Treibe Berg«.

Ein dritter Brief (beginnend »der Hr. Drost und Viceberghauptmann wird dienstlich ersuchet«) scheint an Heinrich Albert von dem Bussche gerichtet zu sein, der von 1692—1695, vor seiner Ernennung zum Berghauptmann, Viceberghauptmann war.[3] Leibniz hat den Brief, wie aus dem Inhalt hervorgeht, in Clausthal geschrieben[4] und bezieht sich, offenbar im Begriff abzureisen, auf die dem Leutnant Pfeffer, dem Zimmermeister Hans Linsen und einem Simon Heyer hinterlassenen Aufträge (fol. 187).

Der vierte Brief, wieder an den Geheimrath Albert Philipp von dem Bussche in Hannover gerichtet, eröffnet noch einmal einen Einblick in das gespannte Verhältniss zwischen Leibniz und den Bergleuten von Fach, den »Messieurs du Harz«. Ausgangspunkt der neuen Differenz wurde ein »Vorschlag wie der Rauch so sonst bey den Hütten verlohren gehet zu nutz zu machen« (fol. 245). Auf Leib-

---

Knorn zu Osterode, der allerdings zu Leibnizens Correspondenten gehört (E. Bodemann, Briefwechsel S. 115) vom 25. März 1678 (fol. 69) möchte ich nicht für Leibniz in Anspruch nehmen.

[1] Balthasar wird auch fol. 287 unserer Sammlung sowie in Leibnizens Tagebuch vom 21. August 1696 erwähnt; Werke, herausgeg. von Pertz IV, 203.

[2] Albert Philipp von dem Bussche. Vergl. E. v. Meier, Hannoversche Verfassungs- und Verwaltungsgeschichte II, 127.

[3] Honemann a. a. O. IV, 167. Vergl. Bodemann, Briefwechsel S. 31.

[4] Vom 15. Januar 1694 aus Clausthal datirt ein Brief an die Herzogin Sophie. Werke, herausgeg. von O. Klopp VII, 271.

NIZENS Veranlassung, wie ich annehme, wurde dieser Vorschlag dem Berghauptmann in Clausthal Heinrich Albert von dem Bussche zur Begutachtung übergeben. Sein Bericht an das Collegium der geheimen Räthe, d. d. Clausthal, 27. Januar 1696, lautet sehr bezeichnend (fol. 246):

»Wohlgebohrne, Sonders HochgeEhrte Herren. Was dieselbe wegen der Neuen Vorschläge von zu nützmachung dess Hüttenrauches mir zuzuschreiben beliebet, solches habe zu schuldiger Folge mit hiesigen Berg- und Hütten-Bedienten zu überlegen nicht ermangelt; Wie aber wohl scheinet, dass der Inventor von solchen Vorschlagen hiesige Hüttenwercke, wie solche angeleget seyn, selbst nicht gesehen haben müsse, also habe zuforderst hierauff vorstellen wollen, dass unsere Hütten-Gebäude schon solcher gestalt angerichtet seyn dass man den Besten vndt schwersten Rauch in gewissen über denen Schmeltzoffen dero Behuff angelegten Cammeren vnd gewölben aufffanget vndt zu nütze machet, wie dann bey kommende Specificatio des Hüttenreuters mit mehren aussweiset.«

Der dem Bericht angeschlossene Extract des Hüttenreuters Johann Christoph König vom 21. Januar 1696 (fol. 247) ergiebt, dass von Crutis 1680 bis Luciae 1695 in den Hütten zu Clausthal und Altenau 12540 Centner Hüttenrauch ausgenutzt waren und 932 Mark 5 Loth an Brandsilber ergeben hatten. Weiter war der Bericht begleitet von Gutachten des Hütteninspectors Zumben zu Clausthal, 24. Januar, und von Christian Wilhelm Schwanflügel zu Zellerfeld, 23. Januar 1696 (fol. 248—250).

LEIBNIZ sah, wohl nach seinen früheren Erfahrungen, in dem Allen nur Mangel an gutem Willen und schrieb an den Minister (eigenhändiges Concept, fol. 260):

»Monsieur Je supplie Votre Excellence de jetter les yeux sur le papier cy joint ou il y a quelques considerations.

Quand S. A. E. ne voudroit point concourir aux frais, je pense tousjours que l'affaire se doit essayer et introduire par l'autorité et au nom de S. A. E. autrement je n'ay garde d'y songer.

j'espere qu'on témoignera à Messieurs du Harz qu'on sera bien aise icy qu'ils pensent aussi aux moyens de faciliter ce qu'on propose touchant une épreuve aisée par avance, et qu'ils y entrent un peu d'avantage. Car je m'imagine qu'il y avait moyen de sçavoir les choses sans faire des grands bastimens.«

Die Anlage dieses Briefes »Bedencken bey dem so in puncto des Rauchfangs in Vorschlag kommen und darüber erinnert worden« (Concept, fol. 256. 263; in einem kürzeren eigenhändigen Entwurf, fol. 261. 262) stellt den »hüttenverständigen Personen« zwölf auf das Rauchfangsproject bezügliche Fragen, die dann durch den Hütteninspector Carl Zumben unter dem 26. Februar 1696 beantwortet wurden. Über den weiteren Verlauf dieser Angelegenheit liegt nichts vor.

In keinem engeren Zusammenhang mit den im Vorstehenden besprochenen Entwürfen und Arbeiten steht eine Anzahl Paralipomena verschiedenartigen Inhalts.

Ich verzeichne zunächst einige Auszüge aus Manuscripten:

»Erz Probir Kunst Wie man die Erze auf die beste Weise probiren solle. Ex Mt^{o} antiquissimo domini Olitsch«[1] (fol. 114. 115).

»Extract aus einem Gespräch wegen des Erzkauffs der joachimsthalischen Bergwercke« (fol. 112. 116). Am Rande »Herr Olitsch hatte das Manuscriptum«.

Weiter liegt der Katalog eines Mineraliencabinets vor, wie Leibniz es in der Denkschrift vom Februar 1682 (oben S. 553 ff.) anzulegen empfohlen hatte (fol. 373 ff.).

Noch verdienen die zahlreichen Blätter, Zettelchen, Papierschnitzel Erwähnung, auf denen Leibniz Notizen über allerhand mineralogische oder sonst in das Gebiet des Bergbaues einschlägige Merkwürdigkeiten, auch Büchertitel oder Excerpte aus Büchern aufgezeichnet hat. Einiges davon sei zur Probe hier angeführt:

»Konigin in England soll einen rothen Diamant haben oder einen Rubin so an Härte dem Diamant gleicht 1687« (fol. 176).

»Porcelaine. c'est une chose à remarquer que mettant une liqueur tout chaude qu'Elle puisse estre, dans une tasse de porcelaine ni le pied ni le bord d'en haut ne se sentent point de la chaleur. Tauernier voyage de perse livre cinquième chap. 12« (fol. 177).

»Nitrum prope goslariam: Albertus magnus testatur in Goselaria Teutoniae se nitrum abundanter invenisse quem tamen incolae salem esse putarint« u. s. w. (fol. 164).

»Oleum petroleum sive oleum destillatum ex bitumine italico ad distantiam aliquot pollicum ab igne flammam concipit, ut mihi expertus retulit Boccong (?) Et tamen nulla fumi vestigia apparent ut in candela extincta reaccensa« (fol. 168).

»Lapides caelo delapsi Ensishemii in Suntgovia monstratur suspensus e catena in templo majori lapis qui anno 1492 e nubibus decidit pondus habens 250 librarum etc.« (fol. 157).

---

[1] Benjamin Olitsch, Berghauptmann der Holländisch-Ostindischen Compagnie auf Sumatra (Bodemann, Briefwechsel S. 210).

Auch eine Anzahl Rechnungen, gedruckte Tabellen, sowie Zeichnungen und Situationspläne hat Leibniz zu seinen Handacten genommen; darunter eine colorirte »Designatio derer Teiche, Wasserfälle und Kunsträder, so zum Burgstedter Zug vom Grünen hirschen biss zum Zellbach herunter gebrauchet werden«.

Ein Wörterbuch der bergmännischen Kunstausdrücke, des sogenannten Bergmann-Lateins, hat Leibniz in praktischer Weise sich dadurch verschafft, dass er von einer ihm in die Hände gekommenen gedruckten Predigtsammlung den Anhang abtrennte und zu seiner Sammlung nahm: ein alphabetisches Verzeichniss dieser Termini mit der Vorbemerkung: »Weil in abgehandelten vier Predigten mit Fleiss Berg-Männisch geredet und viele Wörter so bey Berg-Werck üblich sind gebraucht, so erfordert die Nothdurfft einen kurtzen Clavem oder Erklärung solcher Wörter anzuführen« (fol. 363—372).

Ausgegeben am 29. Mai.

Berlin, gedruckt in der Reichsdruckerei.

Kolibri 360 GmbH
Ferdinand-Jühlke-Straße 7
99095 Erfurt, Deutschland
produktsicherheit@kolibri360.de